Über
die Juraformation auf der Erdfläche.

Von

LEOPOLD von BUCH.

(Aus dem Monatsbericht der Königlichen Akademie der Wissenschaften zu Berlin. December 1852.)

Berlin, 1853.

Gedruckt in der Akademischen Buchdruckerei.

Alle Hauptbildungen auf der Erdoberfläche scheinen, durch die organischen Reste, welche sie umschliefsen, so genau in einander zu greifen, dafs man nicht wohl einsieht, wie irgend eine solche Hauptbildung über grofse und ausgedehnte Ländererstreckungen hin vermifst werden könnte. Ohne die Schichten der Juraformation würden wir Ammoniten, ihre Ausbildung, die erstaunenswürdige Mannigfaltigkeit ihrer Gestalten, wenig erkannt haben. Ohne die Einschlüsse in den Schichten der Kreideformation würden wir nicht wissen, wie und auf welchem Wege diese Gestalten wieder aus der Schöpfung verschwinden. Nur durch Betrachtung dessen, was in älteren, vorzüglich jurassischen Schichten vorkommt, lernen wir, wie die wunderbarsteu Formen der Crinoïdeen, die, auf langen Stielen sich erhebenden Encriniten, sich zu frei beweglichen Echinodermen verändern. Dafs eine solche Hauptveränderung des organischen Lebens nur auf einen kleinen Theil der Erdoberfläche sollte eingeschränkt gewesen sein, ohne über andere Theile dieser Oberfläche sich auszudehnen, ist gar nicht glaublich. Eine so bedeutende Veränderung der Lebensbedingungen kann sich auf einen kleinen Raum nicht beschränken. Auch wird schon durch wirkliche Beobachtung der allgemeinen, überall hin mit ganz gleichen Eigenthümlichkeiten vorkommenden Transitions formation, durch die gleiche Verbreitung der Kreidebildungen in der nördlichen, wie in der südlichen Halbkugel die Allgemeinheit des Zustandes während der Bildung der Hauptformationen hinreichend erwiesen. Fehlen nun wirklich über grofse Länder die Schichten, aus denen wir diese Hauptformationen erkennen, so mufs diese Abwesenheit in anderen Ursachen gesucht werden, als in einem völlig verschiedenen Zustande der Lebensbedingungen in diesen Ländern. Und deswegen mufs um so mehr eine solche Erscheinung anregen, die Verbreitung der verschiedenen Gebirgsarten auf der Erdfläche zu verfolgen, um daraus Schlüsse über die allmählige, und fortdauernde Ausbildung dieser Erdfläche zu ziehen. In der That sind aber unsere Mittel, den ehemaligen Zustand der Erde zu erkennen, sehr beschränckt. Das organische Leben in den verschiedenen Zeitperioden wird uns gröfsentheils durch Geschöpfe verrathen, welche wirklich nur in der hohen See lebten, oder durch Ströme und Fluthen in die Meere herabgeführt worden sind. Was auf dem festen

Lande zurückbleibt, wird gröfsentheils sogleich, oder doch durch spätere Bildungen wieder zerstört.

Aber eben hieraus geht auch hervor, dafs der Mangel solcher Hauptformationen das Dasein fester Länder beweist, über welche die Schichten der hohen See, welche die Producte dieser Formationen umschliefsen, sich nicht haben ausbreiten können.

Die jurassischen Bildungen sind in dieser Hinsicht sehr merkwürdig. So ausgezeichnet sie in ihren Producten auch sein mögen, so wird man doch sehr geneigt, ihr Erscheinen und ihre Verbreitung der südlichen Halbkugel gänzlich abzusprechen und in der nördlichen sie auch nur auf wenige Gegenden zu beschränken.

Es ist den amerikanischen Geognosten sehr schwer geworden, sich zu überzeugen, dafs in Nordamerika jurassische Schichten gar nicht vorkommen, um so mehr, da die einzelnen Glieder anderer Formationen in diesem Erdtheil mit so viel Folge, Klarheit und Deutlichkeit auftreten wie Nirgends wieder. Vergebens hat man die fehlenden Formationen immer tiefer gegen Westen gerückt, selbst auch dann noch, nachdem James Hall treffliche geognostische Karte der Vereinigten Staaten erschienen war. Schwache Anzeigen, die man zu sehen glaubte, haben sich bald als zu anderen Formationen gehörend erwiesen. Endlich aber haben des Obristen Frémonts zwei Untersuchungsreisen vom Mississippi bis zum grofsen Westmeere, das Fehlen der Juraformation in der ganzen Breite von Nord-Amerika aufser allem Zweifel gesetzt. Denn durch diese kühne mit so viel Eifer und Überlegung als Muth und Kenntnifs ausgeführten Unternehmungen haben wir nicht allein den Durchschnitt der sogenannten „Rocky mountains" kennen gelernt, sondern auch das wunderbare, hinter diesen Bergen sich ausbreitende grofse Becken, gröfser als Franckreich, in das viele Flüsse hineinlaufen, keiner heraus, sogar nicht einmal der grofse Humboldtsflufs, der im Innern des Beckens eine, jetzt sehr benutzte Wasserstrafse bildet, von vollen dreifsig Meilen Länge. Des Capitain Stansbury Untersuchung und Aufnahme des grofsen Salzsees und des Mormonenlandes (1851) haben Frémonts Entdeckung vollkommen bestätigt und James Hall, nachdem er Stansbury's Sammlungen untersucht und seine Berichte durchgesehn hat, erklärt (Stansbury 401) dafs diesen Berichten zufolge in dem grofsen Raum zwischen Mississippi und der Ausdehnung der Rocky mountains bis zur Seekette des Westmeeres nur vier verschiedene Formationen sich verbreitet haben: 1) silurische und devonische Schiefer, 2) Kohlen Kalkstein, 3) Kreideschichten, endlich 4) Marine tertiair Ablagerungen am Fuſse der östlichen Gebirgsreihe. Von Juraschichten ist auch in diesem Theile von Amerika Nichts erschienen. Daſs auch in den goldreichen Bergzügen von Californien keine Juragebirgsart hervortrete, ist durch die vom Congreſs der Vereinigten Staaten veranstaltete Untersuchung und Beschreibung dieser Gebirgsketten durch Philipp Tyson (Baltimore 185) vollständig erwiesen.

Andere Theile von Nordamerika sind aber eben so gründlich durchforscht worden; die arctischen Länder bis zum Eismeer durch die vielen Landreisen nach diesem Meere, dort die Nordwestdurchfahrt zu entdecken, vorzüglich durch die zwei Reisen von Richardson und durch die lehrreichen Berichte, welche wir ihm von diesen Reisen verdanken. Die Kenntniſs der südlichen nordamerikanischen Thäler und Berge ist dagegen eine Frucht des Krieges mit Mexico und der Eroberung von Californien. Hrn. Ferdinand Römer's Untersuchungen haben diese Kenntniſs bis zum mexicanischen Meerbusen fortgesetzt. Da bei allen diesen Untersuchungen sich nirgends Etwas gezeigt hat, das nur von fern als Theil einer jurassischen Schicht angesehen werden könnte, so hat man es wohl aufgeben müssen, diese Formation noch in irgend einer Gegend dieses groſsen Welttheils wieder aufzufinden.

Die Verbreitung der Gebirgsarten in Nordamerika hat etwas Erstaunenswürdiges, Colossales, was dieses Land vor allen übrigen Ländern der Erde wesentlich auszeichnet. Im gröſsten Theile von Europa ist es leicht, alle Hauptformationen in wenigen Tagen zu überschreiten, wird dagegen in Nordamerika eine Formation verlassen und eine neue betreten, so wird man über viele Breiten- und Längengrade fortgeführt, ehe eine andere neue wieder erscheint. Daher wird es möglich, auf einem kleinen Blatt mit vieler Deutlichkeit die geognostischen Grenzen und die Ausdehnung der Gebirgsarten aufzutragen, welches nur in wenigen Gegenden von Europa angehen könnte. Eine solche Karte verdanken wir dem berühmten englischen Geognosten Herrn Lyell. Er hat die Arbeit von James Hall zum Grunde gelegt und sie mit allen den

Nachrichten bereichert, welche ihm im Lande selbst in so reichlichem Maafse zugeflossen sind. Denn keine Regierung der Welt hat so viel Mühe und so viel Eifer auf die Erforschung geognostischer Verhältnisse verwandt, als fast alle Regierungen in den Vereinigten Staaten, und noch gegenwärtig unterhält fast die Hälfte dieser Staaten, jede für sich, ihren Reichsgeognosten. Wird Lyells Karte noch weiter fortgesetzt, bis zum Eismeer herauf und bis zu den californischen Küsten, so wird es sehr deutlich, wie dieser ganze Welttheil in vier verschiedene Theile gesondert ist, von denen ein jeder seinen eigenthümlichen, wesentlich von den anderen verschiedenen Character hervortreten läfst. Die langen hintereinander liegenden Wellen der apalachischen Gebirge kommen von der grofsen Bucht des Lorenzflusses herab, begrenzen in der ganzen Länge fort gegen Westen hin das Tertiärgebirge am atlantischen Meer, und endigen sich nicht eher, als bis sie den mexicanischen Meerbusen fast erreicht haben. Solche fortgesetzte langdauernde Längenthäler, in welchen den Wässern nur selten ein Ausgang vergönnt ist, findet man in Europa nicht wieder. Es sind Wellen, sagen die scharfsinnigen Gebrüder Rogers in Pensylvanien und Virginien, welche durch Seitendruck und Erhebung ihre ausgezeichnete Form erhalten haben, eben wie ein Tuch, von den Seiten zusammengeprefst, ganz gleiche Wellen erheben würde. In diesen Wellen folgen sich die Schichten der älteren Gebirgsketten mit so wunderbarer Regelmäfsigkeit, dafs man vom Ontario See bis zum atlantischen Meere hin sie verfolgen kann, als wären sie in einem künstlichen Durchschnitt auseinandergelegt. In einer so regelmäfsigen Schichtenreihe wird es kaum möglich, eine scharfe Grenze der Hauptabtheilungen zu ziehen, und silurische, devonische und Coalformationen sind im Staate von New-York und in den apalachischen Bergen so genau mit einander verbunden, dafs es den ganzen Scharfsinn des eifrigsten, des thätigsten, des erfahrensten und kenntnifsreichsten aller unserer jetzt lebenden Geognosten, des Herrn Eduard de Verneuil in Paris dazu gehörte, diese Grenzen mit einiger Sicherheit zu bestimmen. Er hat dies gethan, nachdem er fast alle Staaten von Nordamerika bereist hatte, in einem Meister-Aufsatz (*Bulletin de la Société géologique de France* 1847), in welchem er zugleich mit der gröfsten Klarheit erweist, wie eng europäische und asiatische ältere Gebirgsschichten durch Auflagerung und Folge, wie durch Ähnlichkeit, ja völlige Gleichheit der eingeschlossenen organischen Produkte sich den amerikanischen anschliefsen; so dafs die Gleichheit dieser Formationen in allen Welttheilen gar nicht bezweifelt werden kann.

Einen zweiten Theil und gewifs mehr als die Hälfte von Nord-Amerika wird von der gewaltigen Thalfläche eingenommen, die vom Eismeer bis zur mexicanischen Bucht sich fortzieht. Sie enthält die drei ungeheuren Kohlen-Niederlagen, durch welche die Vereinigten Staaten einen so schnellen und so mächtigen Aufschwung erhalten haben, die Niederlagen von Pittsburg, von St. Louis und von Michigan, zu denen Capt. Stansbury's Entdeckung noch eine vierte, kaum weniger ausgedehnte gefügt hat, am Ursprung des nördlichen Platteflufs, im sogenannten Northparck, eine Entdeckung, welche dem neuen Mormonenstaat die glänzendsten Aussichten verspricht. Kohlen-Kalkstein und devonische Schichten trennen diese Niederlagen, und treten darunter hervor, und setzen ununterbrochen fort, durch viele Breitengrade herauf, bis zu den Ufern des Eismeers. So lehren es die Beobachtungen des Dr. Richardson auf den zwei arctischen Landreisen des Capitain Franklin. Er sah noch die bestimmende *terebratula prisca*, *productus*, *spirifer* und *orthis* Arten (*arctic searching expedition* 1851 I. 123) am Athabasca-Flufs im 55° Breite und im 70° am Ausflufs des Mackenzieflusses, noch *productus*, *terebratula* uud Corallen im Kalkstein bis zum Eismeer (Lyell's *Geology*. 3. Aufl. 146).

Seit dem Missouri erhebt sich über diesem Weltthale eine Banck, ein erhöhtes Tafelland von Kreide, bis zu den „Rocky mountains" in mehr als hundert zehn bis hundert zwanzig geographische Meilen Breite und über dreihundert geogr. Meilen ohne Unterbrechung fort, durch volle 21 Breitengrade, vom 49° bis 28° herab. Es ist die gröfste Kreideausdehnung in der Welt; sie ist mit den Vereinigten Staaten noch nicht beendigt, sondern setzt weit in den Staat von Mexico herein. Allein, ich wiederhohle es; nur auf der Ostseite der, das grofse amerikanische Thal einschliefsenden Westgebirge verbreiten sich diese Kreideschichten, sie gehen nie auf die Westseite des Gebirges herüber (Grenzen der Kreidebildungen, Bonn 1849 S. 13 Monatsberichte März 1849). Und das ist eine höchst wichtige, geognostische Erscheinung.

Ein dritter, sehr merkwürdiger Theil von Nord-Amerika beendet das grofse Thal in Nord-Osten. Es ist auffallend, sagt Dr. Richardson (Back's Narrative 1836, p. 555), dafs Kalkstein und die krystallisirten Gebirgsarten bis zum Eismeere hin, stets durch Seen und Flüsse von einander geschieden sind, so dafs fast alle Seen ostwärts aus Granit, westlich aus Kalkstein bestehen. Der Granit bildet auf der Ostseite eine, stets fortlaufende Wulst, abgerundete Hügel, ohne scharf hervorstehende Felsen. Diese Grenze geht nordwärts am „lake Superior" hin, und oberhalb des Huronensee weg; auch hat sie Herr Richardson noch weiter über Quebeck hinaus bis in Labrador verfolgt und auf einer Karte verzeichnet. Durch gesammelte Nachrichten ist es ihm auch gelungen, eine innere Grenze gegen die Hudsons Bay zu bestimmen. Endlich geben uns Beobachtungen auf den vielen polarischen Reisen Anleitung genug, auch in Nordosten, über die polarische Inselwelt das Granitband noch weiter auszudehnen. Und hierdurch wird völlig ein ungeheurer Granitring geschlossen, von welchem die Hudsons Bay wie ein Crater die Mitte einnimmt. Man glaubt ein ringförmiges Mondgebirge zu sehen.

Endlich bilden die schroffen und steilen Westgebirge den vierten, ausgezeichneten Theil von Amerika; die Rocky mountains und die californischen Cordilleren laufen parallell mit einander fort, und die Thäler zwischen beiden erweitern sich zum hochliegenden Tafellande. Diese Ketten sind vorzüglich in ihrem nördlichsten Theile, von Hrn. Dr. C. Grewingk in seinem, mit musterhafter Critik, Fleifs und Kenntnifs abgefafsten Werke: Geognostische Beschaffenheit der Nordwestküste von Amerika, Petersburg 1850, vortrefflich beschrieben, ihr Lauf und Verzweigung deutlich auseinandergesetzt, ihre innere Bildung, so weit man sie kennt, entwickelt worden. Nur im höchsten Norden, im russischen Antheil kann man sie als Granitketten, betrachten, kaum aber in Oregon oder in Californien. In diesen Landstrichen erscheint. aufser dem Basalt und Granit auf der Höhe der Sierra

Nevada (nach Frémont) nur Thonschiefer der älteren Formationen mit den Hyperiten, Serpentinen, Dioriten, welche diese Thonschiefer gewöhnlich durchbrechen. Tyson's Untersuchungen lassen hier nicht einmal die über einen so grofsen Theil von Amerika verbreiteten älteren Kalksteine erwarten. Das californische Gold ist in der Mitte von kleinen Quarztrümmern zerstreut, welche in grofser Menge auf der Westseite der mittleren Cordillere den Thonschiefer durchschwärmen.

Auf diesen Gebirgen, östlich vom S. Sagramentothale und von der Küstenkette des Oregon, ein Gebirge, das Hr. Grewingk das columbische nennt, erheben sich eine ganze Reihe grofser, mächtiger Vulcane, von deren Dasein man noch im Jahr 1836 als ich meine Geographie der Vulkane zusammentrug, auch nicht eine Ahndung hatte und haben konnte. Bis jetzt kennt man sieben solcher Kegel hinter einander. 1) Shasty Peak über dem S. Sagramentothale. James Dana hat ihn gesehen, gezeichnet und beschrieben (*American Journal of Sciences and Arts.* Sec. Ser. VII. 248). Er hatte am 30. Sept. 1841 nur Schneeflecke, keinen immerwährenden Schnee. 2) M. Mac Loughlin. 3) M. Jefferson, die Frémont auf seiner ersten Reise sahe. 4) M. Hood 7700 engl. Fufs hoch nach Gardner. (Grewingk p. 11, 5.) S. Helens im Norden vom Columbiaflufs. Am 23. November 1842 hatte dieser Asche bis 50 engl. Meilen ausgeworfen (Frémonts zweite Reise 1843, p. 193). Er ist 9550 Fufs engl. hoch (Wilkes *Explor. Voyage* IV. 319); dagegen 12700 Fufs nach Simpson bei Grewingk, und erhebt sich bis tief in die Schneeregion. 6) M. Reignier. Auch diesen Berg sah Frémont rauchend und dampfend, Wilkes hat seine Höhe trigonometrisch gemessen und sie zu 12330 Fufs hoch gefunden. (Voy. IV, 430.) Auch giebt er eine Ansicht des Berges, der 1841 einen grofsen Ausbruch beobachten liefs. 7) M. Baker am Ende der Strafse von Juan de Fuca.

Mit nicht wenig Überraschung belehrt uns Hr. Grewingk (p. 48 und 273), dafs dennoch auch in Nordamerica Juragesteine sich finden. Allein wo? Auf der übermäfsig lang gegen Asien vorspringenden Halbinsel Alaska (Aläksa), welche gar nicht mehr zu Amerika zu gehören scheint. Auf der südlichen Küste dieser Halbinsel in 154 Länge West von Greenwich liegt der Golf von

Katmai und zwei Meilen im Innern das Dorf Katmaiskoj. Hier hat der Geistliche Wosnessensk Ammoniten gefunden, Belemniten und sogenannte Unionen, die offenbar nur der Juraformation gehören können. Hr. Grewingk hat sie (Tab. IV. f. 1. 2.) gut abgebildet und weitläuftig beschrieben. Ammonites Wosnessenskii Grewingk ist A. Tschefkini d'Orb. (Verneuil. Russia II. 439 tab. 36. f. 10—15). Er steht dem Amm. sublaevis sehr nahe, unterscheidet sich aber durch das absatzförmige der Windungen im Innern; statt dafs bei A. sublaevis die Windungen genau über einanderstehen und im Innern einen glatten Trichter bilden. Er gehört den mittleren Juraschichten (oxfordclay) und ist in Rufsland nicht selten, Amm. biplex (Grew. t. IV. f. 2) ist von A. polygyratus nicht verschieden. Der Meridian der Katmaibucht berührt das Festland von Amerika gar nicht mehr, ja er entfernt sich soweit westlich im Meer, dafs seine Entfernung von den nächsten amerikanischen Küsten fast so grofs ist, als die Breite des ganzen Erdtheils selbst. Kann dies noch Amerika sein? Zieht man den Meridian von Katmai über den Pol hinaus und jenseits herab, so wird hierdurch die nördliche Halbkugel in fast zwei gleiche Hälften getheilt, von denen die Oberfläche der westlichen in Sibirien bis 73 Grad herauf Juraschichten auffinden läfst, — dagegen durchaus keine Spur von ihnen, auf der östlichen amerikanischen Hälfte.

Ich gehe zu Süd-Amerika über, denn Central-Amerika ist uns noch immer zu wenig bekannt, um angeführt werden zu können. Doch verdient es wohl bemerkt zu werden, dafs die Westcordillere, welche in Nordamerika die Kreide abschneidet, in Mexico sich so sehr der Ostküste nähert, dafs für diesen Ostabhang kaum ein Drittheil der Breite des Westabfalls übrig bleibt. Weder Humboldt noch irgend ein anderer Beobachter haben nun bisher auf dieser Westseite neuere Formationen gesehen. Was Herr Galeotti in Tehuacan (*Bullet. de Bruxelles* t. VII. n. 10.) entdeckt hat, liegt auf der Höhe, dem mexicanischen Meerbusen zugewandt.

Als ich im Jahre 1837 mich mit denen, bis dahin ganz vernachlässigten, so höchst wichtigen Humboldtschen Sammlungen von Versteinerungen aus Süd-Amerika beschäftigte, gröfstentheils von Neu-Granada und aus der Umgebung von S. Fé de Bogota, war mir die Übereinstimmung oder die Ähnlichkeit mit organischen Gestalten in der Kreideformation so auffallend, dafs ich glaubte mit ziemlicher Bestimmtheit behaupten zu können, alle Gebirge von Cundinamarca, welche nicht vulkanisch sind, müfsten der mittleren Kreideperiode zugerechnet werden, und die zu derselben Zeit durch den verstorbenen Degenhardt hierher gebrachten Sammlungen bestätigten vollkommen diese Ansicht. Ich hatte darauf der Akademie am 23. April 1838 einen kleinen Bericht über diese Sammlungen vorgetragen und weitläuftiger und mit Abbildungen geschah es in denen „*Petrifications recueillies en Amerique par Ms. Alexandre de Humboldt et Charles Degenhardt*", ein Werk das von der hiesigen Academischen Druckerei 1839 gedruckt worden ist. Bald darauf kam Herr Boussingault aus Amerika zurück und übergab dem älteren Brogniart eine bedeutende Sammlung von Versteinerungen aus Neu-Granada. Sie wurde vortrefflich von Alcide d'Orbigny bearbeitet und beschrieben; und diese am 10. September dem Institut in Paris übergebene Arbeit veranlafste einen sehr vortheilhaften Bericht von Alexander Brogniart in den *Comptes rendus* des Instituts (23. Jan. 1843). d'Orbigny selbst hatte indessen schon seine Untersuchungen in einem eigenen Werke bekannt gemacht: *Coquilles fossiles de Colombie recueillies par Mr. Boussingault*, ein Werk, welches auch dem dritten Theile seines grofsen Reisewerkes durch Amerika angehängt ist. Mit bewundernswerther Gelehrsamkeit erzählt er hier aus seltenen und oft wenig zugänglichen Büchern, was man bis dahin von organischen Producten in südamerikanischen Schichten beobachtet oder gewufst hat, und dann werden Boussingaults Versteinerungen beschrieben und meisterhaft abgebildet. d'Orbigny, der mit seltenem Eifer, Kenntnifs und Muth so viele, oft von anderen nie betretene Gegenden von Südamerika durchforscht hatte, war doch nie in solche Gebirgsstriche und Thäler geführt worden, in denen die Kreideformation sich verbreitet. Dennoch erkannte er sogleich, dafs Boussingaults Sammlungen nur Kreideschichten angehören könnten, und dafs sie den von mir beschriebenen Humboldtschen Entdeckungen angereiht werden müfsten. So war denn diese

Kreideformation über eine bedeutende Erstreckung der Andesgebirge erwiesen; von dem ersten Ansteigen des vulkanischen Gürtels von Quito gegen Nord hin, bis tief in Venezuela herein; und auch d'Orbigny versichert, dafs unter allen diesen Gestalten keine erscheint, die im Mindesten an Schichten der Juraformation erinnern könnte. Seit nun der Dr. Hermann Karsten mit so preiswürdiger Beharrlichkeit die Andeshöhen von Venezuela untersucht hat, und die ganze, durch Humboldt zuerst bekannt gewordene Kette der Silla de Caracas bis zum Orinoko hin, ist die Kreideformation mit der gröfsten Bestimmtheit, auch noch selbst da nachgewiesen worden, wo die Andeskette die Richtung ihres Laufes gänzlich verändert hat. Und höchst auffallend sind die von Herrn Karsten hierher gesandten fossilen Muscheln, vorzüglich die Ammoniten, denen, wie sie in den Umgebungen von Genf an der Perte du Rhone, oder in Savoyen auf dem Berge des Fis gefunden werden, so täuschend ähnlich, dafs man ohne Bedenken, wenn die äufsere Nachweisung fehlt, sie mit einander verwechseln würde.

Dies hat mich veranlafst, eine Nachricht darüber der Akademie am 10. December 1849 vorzutragen. *Ammonites inflatus*, *varicosus*, *Hougardianus*, *Royssianus* von der, sehr natürlichen d'Orbignischen Familie der *Cristati*; dann *Ammonites majorianus* von der Familie der *Ligati* sind die vorzüglichsten dieser Gestalten, die auch, nach Hrn. Karstens Berichten (in Karstens Archiv und in Zeitschrift der deutschen geol. Gesellschaft October 1850) die häufigsten zu sein scheinen. Aber diese Familien sind nur allein der Kreideformation eigenthümlich; und ihre völlige Gleichheit in so entfernt liegenden Gegenden der Erdfläche, ja sogar auf verschiedenen Seiten des Äquators erweisen auf das Bestimmteste wie der Zustand der Erdfläche während der Kreidebildung ein allgemeiner, über die ganze Fläche verbreiteter gewesen ist, und wie höchst widersinnig es sein würde, wie doch einige Geognosten es geglaubt haben, dafs auf einer Seite des Erdballs Kreideschichten sich absetzen könnten, während auf der anderen Seite noch Juragesteine sich bilden. *Natica prelonga*, *cardium peregrinorsum*, *Lucina plicato-costata*, *Inoceramus plicatus* haben die Berge von Venezuela mit denen von S. Fé de Bogota gemein, wodurch noch deutlicher die Bildungen von Neugranada der **mittleren**, nicht der **unteren** Kreideformation angereihet werden.

Nach langer Unterbrechung, in welcher alle Vulcankegel und Trachytberge von Quito aufsteigen, und die zugleich die ganze Länge des jetzigen Staates **Ecuador** in sich begreift, findet Humboldt nicht eher Gesteine, welche organische Producte enthalten, als bei dem Herabsteigen zum Thale des Amazonenstromes, in welchen die fossilen Muscheln sich über die Thäler zu grofsen, weit ausgedehnten Feldern anhäufen, die unter dem Namen der „**Choropampas**" überall bekannt sind, ja sie bilden sogar ganze Berge, und dies noch in Höhen von mehr als zwölf Tausend Fufs über dem Meer. Es sind die Muschelberge bei Caxatombo und bei Guancavelica, wo sie schon Ulloas und nach ihm Buffons Aufmerksamkeit und Erstaunen erregt hatten. Dafs diese Muscheln gröfsentheils alle zu einer Art von Pecten gehören, hatte schon Ulloa bemerkt; dafs aber diese Pecten in die Abtheilung der *Neithea* eingeordnet werden müsse, habe ich zuerst aus den Humboldtschen Stücken zu zeigen gesucht. Da nun die Form der Neithea ganz ausschliefslich der Kreideformation eigenthümlich gefunden worden ist, so glaubte ich, sei der Schlufs hinreichend gerechtfertigt, auch alle Choropampas, als dieser Formation zugehörend anzusehen. Eine so ausgezeichnete Form gehörte freilich dazu, um sogleich wieder an Kreide zu denken. Denn viele der übrigen von Humboldt bei S. Felipe und Montan mit den Pecten gefundenen Muscheln gleichen denen, von Neu-Granada und von Venezuela nicht mehr. Eine grofse zierliche Univalve tritt unter ihnen besonders hervor, die ich als *Pleurotomaria Humboldtii* abgebildet und beschrieben habe, d'Orbigny nennt sie *Turritella Andii*, Edward Forbes dagegen *Turritella Humboldtii*. Doch habe ich schon bei der ersten Beschreibung bemerkt, dafs eine genauere Mundöffnung die Muschel selbst einen *trochus* einordnen könnte. Sie hat als Leit-Muschel gedient um diese Muschel führende Schichten des Amazonenstroms auch noch jenseit des grofsen Knotens von älteren Gebirgsschichten zu erkennen, der von Huamanga unter Cuzco ohne Unterbrechung bis Potosi fortläuft und auf dessen Höhe der See von Titicaca sich verbreitet, von der Ostseite durch Productus führenden Kohlenkalk, in der westlichen Kette durch rothen Sandstein der Trias begrenzt (Pentland, d'Orbigny, Meyen). Herr Domeyko nemlich, seit langen Jahren General-Director der Bergwerke in Chili hatte von mehreren Orten in Chili der Ecole des mines eine kleine Sammlung von Versteinerungen gesandt, die in den dortigen Schichten nicht eben selten vorkommen und mit freudiger Verwunderung erblickt man in der Sammlung in grofser Schönheit die Turritella Humboldtii wieder, und zugleich auch mit der Neithea des Amazonenstroms, mit dem Pecten alatus vereinigt. d'Orbigny nennt ihn wohl, als eigenthümlich, *pecten Dufresnoyii*, er ist aber in der That vom Pecten alatus nicht verschieden, wie aus unmittelbarer Vergleichung der Stücke hervorgeht. Die Turritella Humboldtii aber, wenn sie auch nicht Berge bildet, wie der Pecten, scheint doch in den Schichten von Chili ganz häufig zu sein. d'Orbigny hat sie schön abgebildet (Voyage III. pl. VI. f. 11.) und noch besser Jacob in Bayle Fossiles secondaires de Chili, Mem. de la Soc. géol. de Paris. 1852. IV. pl. II. f. 7.

Beide ausgezeichnete Gestalten fehlen in Neu-Granada, in den Bergen von S. Fe di Bogota, dem ohnerachtet werden die, von Humboldt untersuchten Schichten von S. Felipe und Montan in Peru und die von Neugranada und Venezuela durch gar viele andere organische Reste eng mit einander verbunden. Ein grofser und oft vorkommender Ammonit ist von mir als *Ammonites peruvianus* beschrieben worden (Petrific. d'Amerique t. I. f. 5. b. 7.) Er gehört zur Familie der „Cristati." Aber eben diesen Ammoniten hat Hr. Karsten von Barbacoes bei Truxillo geschickt, von eben dem Ort, welcher die mit denen der Gegend von Genf so sehr übereinstimmenden Ammoniten geliefert hat. Und kaum ist zu zweifeln, dafs es auch derselbe Ammonit sei, den der Dr. Gibbon zwischen Tocayma und la Messa ohnweit S. Fe de Bogota gefunden hat, und der von Herrn Isaac Lea als Ammonites Gibbonianus beschrieben worden ist. (*Transac. Americ. Phil. Soc. 2. Series Vol. 7. pl. 8. f. 3.*) Trigonia alaeformis (Petrif. d'Amerique f. 10) findet sich zu S. Felipe wie bei S. Fe de Bogota, und Exogyra polygona (Petrif. d'Amer. f. 18. 19.) könnte leicht ein junges Exemplar von Exogyra Couloni sein.

Nach so vielen, und so auffallenden Übereinstimmungen in der ganzen Kette der Anden, von Puerto Cabello bis weit über Valparaiso heraus, müssen wir erstaunen, wie vor wenigen Monaten (im September 1852) ein mit grofser Zuversicht und Bestimmtheit verfafster Aufsatz von Herrn Bayle, Director der Sammlungen der Ecole des mines zu Paris, im vierten Bande der Schriften der französischen geologischen Gesellschaft, uns belehrt, wie nach neueren Sendungen des Herrn Domeyko die Kreideproducte in Chili fast gar nicht vorkommen, dagegen aber ganz ausgezeichnete Juraschichten erscheinen, sogar vom Lias an, bis zu den neuesten Juraproducten herauf, und dieses zugleich mit der Neithea des Amazonenstromes und mit der Turritella Humboldtii. Es folgt also hieraus, sagt Herr Bayle, dafs die Neithea auch noch in den tiefsten jurassischen Schichten vorkommen könne, und keinesweges ausschliefslich der Kreideformation angehöre. Die Stücke der Sammlung sind von Hrn. Jacob meisterhaft abgebildet und von Hrn. Bayle beschrieben worden. Schon lange vorher (1846) hatte auch Darwin in seinen geognostischen Bemerkungen über Südamerika die Lagerstätte dieser Muscheln, von denen er die meisten selbst besucht hatte, beschrieben, und die Versteinerungen selbst, waren von Edward Forbes bestimmt und gezeichnet worden. (Geological Observations on South America, Tab. V.) Um vieles vorsichtiger als Hr. Bayle waren ihm und Hrn. Forbes zwar wohl Gestalten aufgefallen, die mehr an Juraschichten als wie an Kreide erinnerten, vorzüglich zwei Arten von Spirifer, wie man sie im Kohlenkalkstein, nicht aber in der Kreide erwarten konnte. Sie glaubten daher diese Ablagerungen auf den Höhen des Gebirges über Copiapo und Coquimbo könnten wohl eine Mittelformation bilden, zwischen Kreide und Jura und nennen sie daher eine cretaceo-oolitische Formation. Allein, nur die Spirifer, die auch nur an zwei Orten vorkommen, über Guasco und im Clarothale, scheinen bestimmt in Verlegenheit, sogar in Verwirrung über die Erkennung der Formation zu setzen; alles übrige könnte leicht nur Folge einer verschiedenen Ansicht sein, und einer vielleicht nicht hinreichend genauen Deutung der von den Schichten gelieferten organischen Reste.

Es mag deshalb nicht überflüssig oder unnöthig sein, Herrn Bayle's Angaben genauer durchzugehen, und die Gründe, auf welchen diese Angaben beruhen, etwas näher ins Auge zu fassen.

Ich habe schon in einem Vortrage in der Akademie am 22. März 1849 über die Grenzen der Kreidebildungen bemerkt, (cf. Verhandlungen des naturhistorischen Vereins der Rheinlande und Westphalens 1849 S. 239) wie grofs die Überraschung des Herrn Ferdinand Römer gewesen ist, als er die *Exogyra Pitscheri*, die ihm aus den Kreideschichten von Texas wohl bekannt war, in den Stücken von Chili wieder auffand. Er hat sie in seinem Werke über die Kreidebildungen von Texas vortrefflich beschrieben und sie durch Herrn Hohe schön abbilden lassen (gryphaea Pitscheri p. 73. t. 12. f. 17.) Diese Exogyra ist leicht an einer breiten Vertiefung zu kennen, die auf der tieferen, unteren, Schale an der linken Seite dieser Schale gegen den Rand heraufläuft, verschieden von dem Canal der, wie bei allen Exogyren den Rand bis zum ersten Anfang des Schnabels begleitet. Eben diese Exogyre wird von Bayle, wunderbar seltsam, als *Gryphaea Cymbium* aufgeführt und t. 5. f. 6. 7. abgebildet; dann wieder noch einmal t. 1. f. 7. 8. als Gryphaea Rivoti, jene wird zum Lias, diese zum unteren Oolith gestellt.

Wieder ist *Gryphaea Cymbium* t. IV. f. 1—4 vorgestellt. Wohl ist es ein Gryphaea, da die Vertiefung, (die Depression) der unteren Schale weit unter dem Schnabel an der Seite sich endigt. Allein schwerlich würde Lamarck eine so flache, und so schnell an Breite zunehmende Muschel mit einem Boote verglichen haben. Gryphaea Cymbium ist nicht allein wohl $2\frac{1}{2}$mal länger als breit; es ist auch sehr auffallend und auszeichnend, wie auf dieser Muschel die sehr feinen und dünnen Anwachsstreifen der oberen Schale in sehr regelmäfsigen, durch keine besonders hervortretende Einsenkung gestörten Kreisen hinter einander fortliegen. Wie verschieden von Exogyra Pitscheri! d'Orbigny hatte die chilische Muschel mit Ostrea oder Gryphaea vesicularis verglichen: gewifs mit Recht. Denn diese, an Abänderungen so überaus reiche Gryphaea, so reich, dafs man zehn oder zwölf verschiedene Arten zu sehen glaubt, läfst doch jederzeit auf der flachen Oberschale einen vom Buckel auslaufenden Stern von feinen Rippen oder Streifen bemerken; ein Stern den auch die ganz ähnliche Gryphaea dilatata besitzt, niemals aber weder Gryphaea cymbium noch Gryphaea gigantea; diese sternartige Streifung ist deutlich auf Hrn. Bayle's Abbildung t. IV. f. 1. Also auch diese Muschel scheint den Lias in Chili nicht zu beweisen.

Terebratula tetraedra. Bayle. VII. f. 9. 10. Wenn sie es wäre! Allein T. tetraedra ist eine ausgezeichnete Pugnacé, bei welcher der Rand höher steht als die Mitte, welches in Hrn. Bayles Figur nicht der Fall ist. Es ist eine Abänderung der Terebratula alata, welche gleich häufig in oberen Juraschichten wie in der Kreide ist.

Nicht viel mehr Glück, vielleicht noch weniger scheint Herrn Bayle zu begünstigen, wenn er die, von ihm abgebildeten und beschriebenen Ammoniten von Chili dem Lias zuweisen will. Jede andere Formation würde in der That darauf mehr Anspruch machen können, als gerade die ältesten Schichten des Jura.

Ammonites Domeikanus (Bayle t. II. f. 4. 5. 6) ein Bruchstück, gehört offenbar zu der Familie der Armaten. In dieser Familie lassen zwei Spitzenreihen, eine auf der Suturkante, die andere am Rücken, auf der Seite einen breiten Zwischenraum leer, in welchem der obere Lateral sich herabsenkt. In der Unterabtheilung der Rhotomagenses d'Orb. stehen die oberen Spitzenreihen sehr nahe zusammen. Diese Familie ist aber ganz auszeichnend für Kreidebildungen und in unteren Juraformationen wohl noch nie gesehen worden.

Der A. Domeykanus steht dem *Amm. milletianus* d'Orb. ganz nahe. Auch hat Herr Karsten aus dem Kreidegebirge von Parapara in Venezuela einen fast ganz gleichen Ammoniten geschickt; ein ähnlicher findet sich *a la montagne des Fis* in Savoyen (Hrn. Ewalds Sammlung); endlich hat ihn Sowerby aus der Kreide von Sussex abgebildet. (Dixons Chalk t. 29. f. 5.) Die unzertheilten Falten der Seite bei Bayle finden sich nur auf gröfseren Umgängen.

Ammonites opalinus. Reinicke. Tab. II. f. 1. Welche Bestimmung! A. opalinus ist bekanntlich nichts anderes als A. Murchinsonae, auf dem sich eine perlmutterartige Schale erhalten hat. Er ist daher von der sehr natürlichen Familie der Falciferen. Von dieser Familie ist aber nicht ein einziges Kennzeichen auf dem Bayleschen Stücke sichtbar. Nicht die, so sehr eigenthümliche ebene, schief zur Sutur herabgehende Suturfläche mit scharfer Suturkante, wie sie d'Orbigny (Cretacées t. 84) für A. bicurvatus abbildet, oder (jurassiques t. 120) für A. Murchinsonae selbst, — nicht die mächtige Sichel der Streifen, mit weit vorspringender Spitze, mit grofsem Halbzirkelbogen auf den Seiten und mit kurzem Stiel gegen die

Sutur, — auch nicht mit dem scharfen Rücken, welcher allen „Falciferen" eigen zu sein pflegt. Herrn Bayle's Stück würde an *A. Juilettii* (d'Orb. Crét. pl. III. f. 3.) erinnern, der im französischen Néocomien sich findet.

Ammonites bifurcatus Schlth. t. II. f. 2. Es ist ein eigenthümlicher amerikanischer Ammonit und unter dem Namen von *A. cnemiaphorus* schon längst bekannt. Er gehört zur Familie der Planuliten, und ist sehr leicht zu erkennen, durch dünne und scharfe Rippen auf der Seite, welche wie Stäbe hintereinander fortstehen, mit Zwischenräumen, die drei oder viermal breiter sind, als die Rippen selbst. Diese zertheilen sich, gabeln erst nahe am Rücken. Zwei und zwanzig Rippen stehen auf eine Windung bei einem Zoll Durchmesser. Dieser Ammonit bildet ganze Berge über dem Cerro de Pasco, dem berühmten Silberbergwerk auf der großen Höhe der Anden in Peru, ostwärts von Lima. Hr. Francis de Castelnau erzählt (Expedition dans les parties centrales de l'Amerique T. IV. p. 193), dafs er schon auf dem 15500 Fufs hohen Col de Viuda im schwarzen, bituminösen Schiefer vorkomme, zum Theil von gewaltiger Gröfse, und seitdem fände er sich auf allen Pässen bis zum Cerro de Pasco. Benachrichtigt, dafs bei dem Orte Diezmo sieben Stunden (lieux) von Pasco viele Ammoniten vorkämen, liefs er sie dort sammeln und nach wenigen Stunden erhielt er von ihnen eine ganze Maulthierladung. Die Lagerung dieser Ammoniten kann aber wenigen Zweifeln unterliegen. Denn wenig tiefer, hat Hr. v. Tschudi zwischen Droja und Yauti ohnweit Tarma ganz ausgezeichnete Néocomien-Muscheln gefunden, die von Agassiz dafür erkannt und bestimmt worden sind: Pterocera Emerici oder conoidea, Spatangus retusus (Holaster complanatus), Diadema Bourgetii, pecten cretosus und pecten quinque costatus (über Verbreitung der Kreidebildungen, Bonn 1849, p. 29. Berliner Acad. Monatsberichte, März 1849 p. 121). Wieder eine Übereinstimmung der Kreideproducte der Anden von Peru, mit denen, in der Mitte von Europa, die höchlich überraschen mufs, und denen geradezu entgegentritt, welche die Allgemeinheit der Gebirgsformationen bezweifeln.

Die Ammoniten dieser Art, von Manflas über Coquimbo, vereinigen sich daher mit Turritella Humboldti, Pecten alatus und anderen, sie zu den obersten Schichten des Néocomien zu rechnen, um so mehr, da sie Meyen am Vulcan von Maypo über S. Yago de Chili mit Exogyra Couloni vereinigt gefunden hat (Monatsberichte März 1849 S. 20).

Auf der achten Tafel seiner Denkschrift hat Herr Bayle eine Menge glatter Terebrateln abbilden lassen und sie zum Theil mit neuen Namen belegt. Auch sie sollen Jurabildungen erweisen. Allein sonderbar! einer jeden der abgebildeten Terebrateln kann man eine ganz gleiche an die Seite stellen, welche Herr d'Archiac aus der sogenannten „Tourtia", der mittleren Kreide von Tournay in Belgien abbildet. *Terebratula Domeykana* von Bayle, oder *Terebratula Inca* von Edward Forbes (S. Darwin South Amerika, pl. V. f. 19. 20.), *Terebratula Bulla* (Sow. Dixons chalk t. 27. S. 11) ist offenbar von der, in vielen Abänderungen vorgestellten *Terebratula nerviensis* (Mem. de la Soc. géolog. de France 1847 tab. VIII. f. 2—10) gar nicht verschieden. Die Oeffnung, durch welche das Heftband hervortritt, ist besonders grofs, und das Deltidium in jüngeren Stücken sehr hervortretend. Die herabhängende, Anfangs flache Ventralschale wird durch Wachsthum immer mehr aufgeblasen und hoch und dadurch gegen den Schnabel gedrückt, wodurch es geschieht, dafs diese Schale endlich die Ränder der Heftöffnung berührt und das Deltidium ganz versteckt wird. Auf gleiche Weise findet man leicht die Abänderungen der Terebratula biplicata, die Herr Bayle als T. ornithocephala und T. perovalis aufführt, unter vielen verschiedenen Namen bei d'Archiac, wieder. Es sind alles Kreide-Terebrateln. Die von Herrn Bayle als Ostrea Marshii und Ostrea pulligera (Tab. V. f. 3. 4. 5.) erkannten Muscheln, würden wohl von Wenigen dafür angesehen werden.

So bleibt denn von allen Bayle'schen Bestimmungen als Jurafossilien Nichts übrig, als die Spirifer, welche er für *Spirifer tumidus* des Lias ansieht. Sie können freilich auf Kreidefossilien durchaus keinen Anspruch machen. Allein ehe man nicht näher erforscht hat, auf welche Weise sie in Kreideschichten mögen gerathen sein, wird man sich mit dem, bei ähnlicher Gelegenheit geäufserten Ausspruch des geistreichen Herrn von Barrande in Prag begnügen müssen: „es ist eine fremde Colonie."

Die, in Hrn. Bayle's Tafeln vortrefflich abgebildeten *Exogyra Couloni* (Tab. VII. f. 1. 2.), *Crioceras Davallii* oder *Emerici* (Tab. III.) und *Trigonia Delafossei* von *Arqueras* über *Coquimbo*, werden von ihm selbst als unbedenklich dem Néocomien angehörig aufgeführt. Der Ort liegt doch von den vorausgesetzten Juraschichten nicht sehr weit entfernt.

Herr Edward Forbes hat unter denen, von Darwin gesammelten Fossilien von Chili (Darwin south Amerika pl. V. f. 4. 5.) eine Perna abgebildet und beschrieben und sie *Perna Americana* genannt. Es ist nur ein Bruchstück und Copiapo ist als Fundort angegeben, das ist entweder Manflas oder Jonquera. Dieses Bruchstück ist aber der schönen, von Herrn Kraus in der Algoabay des Caps entdeckten *Gervillia dentata* (Kraus. N. Leopold. 22. t. 50. f. 1.) so ähnlich, dafs man an völliger Gleichheit der Art kaum zweifeln kann. Was aber in der Algoa Bay vorkommt, ist schon längst als Kreide erkannt worden.

Was (pl. V. f. 8. 9.) als eine neue Art von Gryphaea angesehen wird, ist wahrscheinlich Exogyra Pitscheri; und Gryphaea Darwini (pl. V. f. 7.) könnte leicht mit *Exogyra imbricata* von Kraus übereinstimmen.

Es bedarf die Kenntnifs des Daseins und der Ausdehnung jurassischer Bildungen in Süd-Amerika noch überzeugenderer und schärferer Beweise. Bis solche Beweise geliefert sind, wird es immer erlaubt sein, den Mangel der Juraformation in Amerika als Thatsache anzusehen, ja sogar der ganzen Hälfte der Erdoberfläche südlich des Aequators diese Formation abzusprechen. Das feste Land hat sie uns bisher in der südlichen Halbkugel nirgends gezeigt. Was aber in der See liegen mag bleibt uns, bis zu künftigen Erdrevolutionen verborgen.

Geognostische Karte
von
NORD AMERICA
50 100 geographische Meilen.
Granit-Gneuss
Kohlen.
Trans-Kalkstein u. Schiefer
Thonschiefer
Kreide.
EISMEER
GROSSER OCEAN
Östliche Länge von Ferro
Neu Norfolk
Neu Cornwall
Neu Caledonia
Pr. Wales I.
Kön: Charlotte
I. Quadra u. Vancouvers
Columbia Fl.
Oregon
Mt. Baker
Mt. Rainier
Mt. St. Helens
Mt. Hood
Mt. Jefferson
Schasti B.
S. Francisco
Californien
Golf v. Californien
Gr. Salz S.
Sclaven S.
Athabasca S.
Winnipeg S.
Neu Nord Wales
Guadalaxara
70°
60°
50°
40°
30°
20°
10°
120°
110°
100°
340°
320°
300°
280°
260°
240°

Königl. lith. Inst. z Berlin

FSC
www.fsc.org
MIX
Papier | Fördert
gute Waldnutzung
FSC® C083411

Zeitfracht Medien GmbH
Ferdinand-Jühlke-Straße 7
99095 Erfurt, Deutschland
produktsicherheit@kolibri360.de